BEI GRIN MACHT SICH IHR WISSEN BEZAHLT

Andreas Kesseler

Ubiquitinierung von Proteinen

GRIN Verlag

Bibliografische Information der Deutschen Nationalbibliothek:

Die Deutsche Bibliothek verzeichnet diese Publikation in der Deutschen National-
bibliografie; detaillierte bibliografische Daten sind im Internet über http://dnb.d-
nb.de/ abrufbar.

Impressum:

Copyright © 2010 GRIN Verlag GmbH
Druck und Bindung: Books on Demand GmbH, Norderstedt Germany
ISBN: 978-3-640-73978-3

Thema: Ubiquitinierung von Proteinen

SEMINARARBEIT

zum Seminar Spezielle Biochemie

im Studiensemester 09

am ITW Bonn, Abteilung Biochemie

vorgelegt am:

von: Andreas Kesseler

Inhaltsverzeichnis

1. Einleitung

Ubiquitin ist ein Polypeptid, welches aus 76 Aminosäuren besteht und sich in alleneukaryotischen Zellen befindet ("ubiquitär"). Es hat ein Molekulargewicht von 8,5 kd und dient als sogenannter „Todesmarker", um Proteine für den proteasomalen Abbau zu kennzeichnen.

Das Ubiquitin der Hefe unterscheidet sich von dem des Menschen nur durch drei der 76 Aminosäuren, obwohl zwischen Hefe und Mensch ca. eine Milliarde Jahre Evolution liegen, was bedeutet, dass es eines der höchstkonserviertesten Proteine überhaupt ist. Es weist eine globuläre Tertiärstruktur auf; die vier c-terminalen Aminogruppen ragen dabei heraus. Als funktionelle Aminosäuren dienen die beiden Lysine an den Stellen 48 und 63 sowie das Glycin an Stelle 76 der Aminosäurensequenz (1,12). Über letzteres wird das Ubiquitin aktiviert und auf das Substrat übertragen.

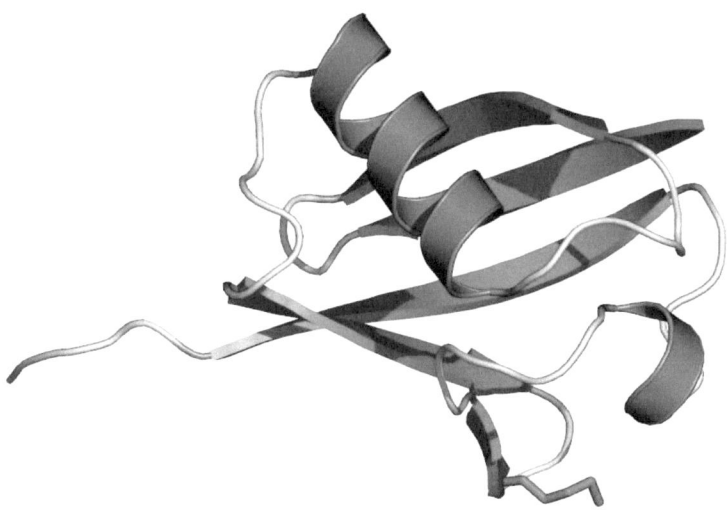

Ubiquitin (http://en.wikivisual.com/images/a/ac/Ubiquitin_cartoon.png)

Der Großteil der Ubiquitin-Moleküle liegt kovalent gebunden an Proteine vor, ein geringerer Teil kommt als freie Monomere vor.

2. Mechanismus der Ubiquitinierung

Die Ubiquitinierung (auch: Ubiquitinylierung) bezeichnet die kovalente Übertragung von Ubiquitin-Einheiten auf Proteine. Es handelt sich bei dem Vorgang um eine reversible posttranslationale Modifikation.

Ubiquitiniert werden Proteine aus dem Cytosol und dem Nucleus. Dabei bindet der carboxyterminale Teil des Ubiquitins kovalent an die ε-Aminogruppen mehrerer Lysinreste des zum Abbau vorgesehenen Proteins. Die Energie für die Reaktion wird durch ATP-Hydrolyse bereitgestellt, pro verknüpftem Protein wird 1 ATP verbraucht.

Die Reaktion läuft kaskadenartig ab und wird von drei Enzymen (E1-E3) katalysiert :

Als erster Schritt wird Ubiquitin durch die Reaktion mit ATP aktiviert. Dieser Reaktionsschritt wird vom Ubiquitin-aktivierendem Enzym (E1) durchgeführt.

Der terminale Glycinrest des Ubiquitins wird dabei unter Abspaltung von Pyrophsophat adenyliert und somit aktiviert.

Anschließend wird der C-Terminus des Ubiquitins durch Ausbildung einer Thioesterbindung auf eine Sulfhydrylgruppe im E1-Enzym übertragen. Das gebundene AMP wird dabei abgespalten. Daraufhin erfolgt die Übertragung auf das Ubiquitinkonjugierende Enzym (E2), auch hier unter Ausbildung einer Thioesterbindung. Sowohl das E2-Enzym als auch das zu markierende Targetprotein werden nun von der Ubiquitin-Protein-Ligase (E3) gebunden und das Ubiquitin wird auf eine Aminogruppe eines Lysin-Rests des Zielproteins übertragen (1).

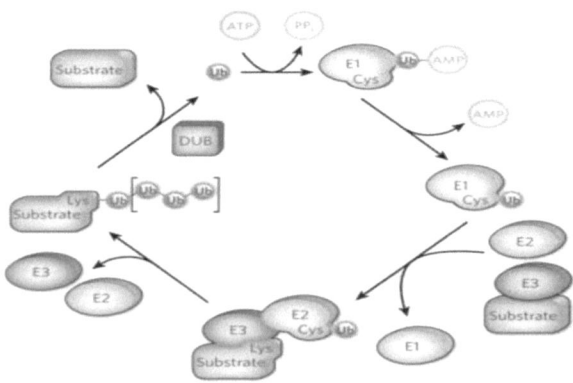

Mechanismus der Ubiquitinierung (http://www.nature.com/nature/journal/v458/n7237/images/nature07958-i1.0.jpg)

Eine solche Bindung bezeichnet man als Isopeptidbindung, da eine ε-Aminogruppe statt einer α-Aminogruppe an der Bindung beteiligt ist.

Da insgesamt ca. 60 verschiedene ubiquitinkonjugierende Enzyme und ca. 400 verschiedene Ubiquitin-Protein-Ligasen existieren, ergibt sich eine große Substratspezifität bzw. ein großes Spektrum an Substraten. Die E3-Gruppe bildet eine der größten Genfamilien des Menschen (12).

Wenn eine Kette aus vier oder mehr über Isopeptidbindungen verknüpften Ubiquitinmolekülen gebildet wird, entsteht ein besonders effektives Signal zur Notwendigkeit des Abbaus. Die Bindung wird möglich, da Ubiquitin über insgesamt sieben Lysin-Reste verfügt. Je nach Menge und Art der angehangenen Ubiquitinmoleküle unterscheidet man zwischen mono-, multi- und polyubiquitinierten Proteinen.

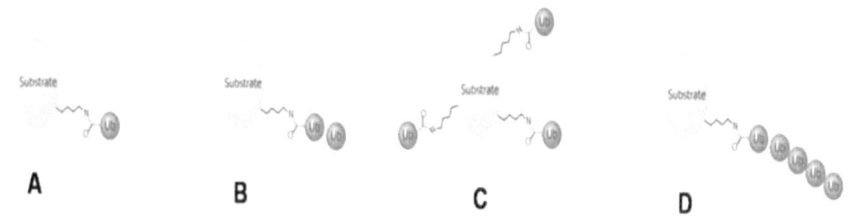

A   B   C   D

http://upload.wikimedia.org/wikipedia/commons/thumb/7/71/Ubiquitination-Mode.png/400px-Ubiquitination-Mode.png
A) Mono- B) Oligo- C) Multi- D) Polyubiquitinierung

Die Reaktion verläuft prozessiv, die Lysingruppe 48 einer Ubiquitineinheit bindet dabei an die terminale Carboxylatgruppe eines anderen, woraus dann eine Kette entsteht.

Die Proteine, die anschließend den Proteasomen überäußert und dort abgebaut werden, werden meist mehrfach ubiquitiniert. Dies stellt einen der seltenen Fälle einer posttranslationalen Modifikation dar.

Es existieren mehrere Signale, die bestimmen, ob und wann sich Ubiquitin an ein Protein an lagert. Am bekanntesten und einfachsten zu deuten ist die Tatsache, dass die Halbwertszeit eines Proteins u.a. durch seinen aminoterminalen Rest bedingt ist (N-End-Regel). So verlängert ein n-terminales Alanin die Lebensdauer eines Proteins, während ein Arginin diese verkürzt. Entsprechend oft sind Proteine mit kurzer Halbwertszeit die Ziele von Ubiquitin. Das Lesen der Reste wird von den E3-Enzymen übernommen.

Nach Tobias JW et al (1991) verhält sich die Abhängigkeit der der Halbwertszeit in Bezug auf ihre aminoterminalen Reste wie folgt:

1. stark stabilisierende AS (Halbwertszeit > 20 Stunden)

Ala, Cys, Gly, Met, Pro, Ser, Thr, Val

2. destabilisierende AS (Halbwertszeit 2-30 Minuten)

Arg, His, Ile, Leu, Lys, Phe, Tyr, Trp

3. nach chemischer Veränderung destabilisierende AS (Halbwertszeit 3-30 Minuten)

Asn, Asp, Glu, Gln

Ein destabilisierender Rest begünstigt die Anlagerung des Proteins an Ubiquitin, während einer stabilisierender Rest dies nicht tut. Eine posttranslationale Addition von z.b. Arginin kann somit die Lebensdauer eines Proteins verkürzen. Das Besondere daran ist, dass diese Form der Elongation ohne m-RNA-Matrize abläuft.

Weitere bekannte Signale, die Proteine für den Abbau kenntlich machen sind die PEST-Sequenzen (Prolin-Glutaminsäure-Serin-Threonin-Sequenz) und die Cyclinabbauboxen (Aminosäuresequenzen die für den Abbau bestimmte Zellzyklusproteine markieren) (1,6).

3. Funktionen der Ubiquitinierung

Aus der Großzahl der verschiedenen Ubiquitinierungsformen ergibt sich eine entsprechend große Zahl an Funktionen.

3.1 Proteinabbau in Proteasomen – Ubiquitin-Proteasom-System (UPS)

Die an Ubiquitin angefügten Proteine werden in einem großen Proteasekomplex, den Proteasom bzw. 26S-Proteasom, unter ATP-Verbrauch verdaut.

Jede Zelle verfügt dabei im Schnitt über knapp 30.000 Proteasomen. Das 26S-Proteasom ist eine multikatalytische Protease, die aus einer 20S-Untereinheit (besitzt katalytische Funktion) und einer 19S-Untereinheit (besitzt regulatorische Funktion) besteht.

Die katalytische Untereinheit besteht dabei aus 2 Kopien von je 14 homologen Untereinheiten und weist ein Molekulargewicht von 700 kd auf. Angeordnet sind diese in Form von vier Ringen zu je sieben Untereinheiten, die zu einer fassähnlichen Struktur gestapelt sind. Der Zugang zum 20S-Kern wird dabei von einer regulatorischen Einheit kontrolliert, die ein 700-kd-Komplex aus 20 Untereinheiten darstellt. Diese Proteinpartikel entfalten unter ATP-Verbrauch selektiv ubiquitinierte Proteine und fädeln diese ins Innere des Proteasoms ein (1,6,12).

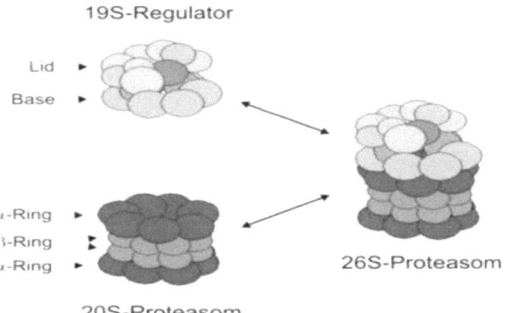

Aufbau des 26S-Proteasoms (http://edoc.hu-berlin.de/dissertationen/berse-matthias-2006-01-30/HTML/image004.jpg)

Jeweils ein 19S-Komplex bindet an die Enden des 20S-Proteasoms und bildet somit das komplette 26S-Proteasom.

Die 20S-Untereinheit bildet im Inneren einen Hohlzylinder, wobei die äußeren Ringe aus α-Untereinheiten, die inneren Ringe aus ß-Untereinheiten bestehen.

Die proteolytischen Domänen liegen an den Innenseiten und sind vom Cytosol wirkungsvoll abgeschirmt. Somit können sich andere Proteine nicht ins Innere des Proteasoms verirren und die zum Abbau bestimmten Substrate werden geschützt, bis sie ins Innere gelenkt werden. Durch die spezifische Bindung der 19S-Untereinheiten an die Ubiquitinketten wird gewährleistet, dass nur die Proteine abgebaut werden, die auch zum Abbau markiert worden sind.

Essentiell für die Reaktion ist die ATPase-Aktivität der 19S-Untereinheiten (sie verfügen über sechs verschiedene ATPasen, die mit unterschiedlichen Zellaktivitäten assoziiert sind), die bei der Entfaltung des Substrats und der Konformationsänderung des Kerns hilft, sodass das Substrat ins Innere gelangen kann.

Die ß-Untereinheiten verfügen über insgesamt 3 Typen von aktiven Zentren mit unterschiedlicher Spezifität, gemein haben sie jedoch das n-terminale Threonin.

Dessen OH-Gruppe wird in ein Nucleophil umgewandelt, welches die Carbonylgruppen der Peptidbinungen angreift und Acyl-Enzym-Zwischenstufen entstehen.

So werden die Proteine jetzt in den aktiven Zentren der ß-Untereinheiten sukzessive abgebaut, bis das Protein nur noch aus einem 7-9 Aminosäuren langem Peptidrest besteht. Das Ubiquitin wird anschließend durch eine Ubiquitin-spezifische-Protease, eine Isopeptidase, vom Peptid abgespalten und recyclisiert, es geht also unverbraucht aus der Reaktion hervor. Die Peptidreste werden durch Proteasen in Aminosäuren zerlegt (1,12).

3.1.1 Funktionen des Proteasomabhängigen Abbaus

Dieser Mechanismus hat große Bedeutung beim Abbau und anschließender MHC-1 vermittelter Präsentation viraler Proteine in infizierten Zellen, der Entfernung von Enzymen, Regulatorproteinen, Transkriptionsfaktoren oder Komponenten der Signaltransduktion. Damit wird der physiologische Status der Zelle aufrecht erhalten. Markiert werden des weiteren Proteine die defekt (z.B. fehlgefaltet) sind, aber auch andere zelluläre Proteine, um einem Gleichgewicht zwischen Synthese und Abbau Sorge zu tragen. So werden auch überalterte Proteine durch das UPS abgebaut um eine Überanreicherung bestimmter Proteine zu verhindern (1,2,12).

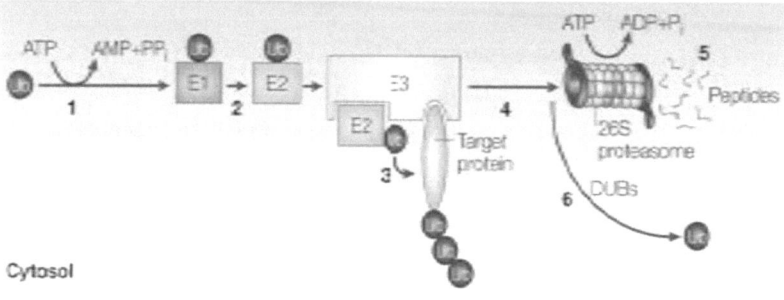

Abbau des Proteins und Recyclisierung des Ubiquitins

3.2 Nicht-Proteasom-abhängige Funktionen

Nicht immer führt die Ubiquitinierung zum Abbau der markierten Proteine. Vor allem die Wege der Multiubiquitinierung, aber auch einige der Mono- und Polyubiquitinierungen vermitteln teils andere Funktionen.

3.2.1 Das NF-ϰB-I-ϰB-System

Der Transkriptionsfaktor NF-ϰB (nuclear factor 'kappa-light-chain-enhancer' of activated Bcells) kann über Bindung an bestimmte Regulatorgene die Transkription beeinflussen. Aktiviert wird er durch den Abbau des inhibitorischen Proteins I-ϰB.

Als Teil einer Entzündungsreaktion wird das Zytokin Interleukin 1 (z.B. aus Makrophagen) ausgeschüttet und durch Bindung an den, auf jeder Zelle vorhandenen, Interleukin-1-Rezeptor wird das inhibitorische Protein an zwei Serinresten phosphoryliert, was zur

Bildung einer E3-Bindungsstelle führt. Gleichzeitig wird intrazellulär die Bildung des Tumor-Nekrose-Faktor-Rezeptor-assoziiertem-Faktor 6 (TRAF-6), eine E3-Ligase, angeregt. Diese polyubiquitiniert anschließend über den Lysinrest 63 die regulatorische Untereinheit einer I-𝝒B-Kinase, was eine Signalkaskade auslöst die letztlich zur Phosphorylierung, Polyubiquitinierung und Abbau des I-𝝒B und somit zur Freisetzung des NF-𝝒B führt. Dieser kann nun in den Zellkern wandern und dort die Transkription bestimmter Zielgene stimulieren (2).

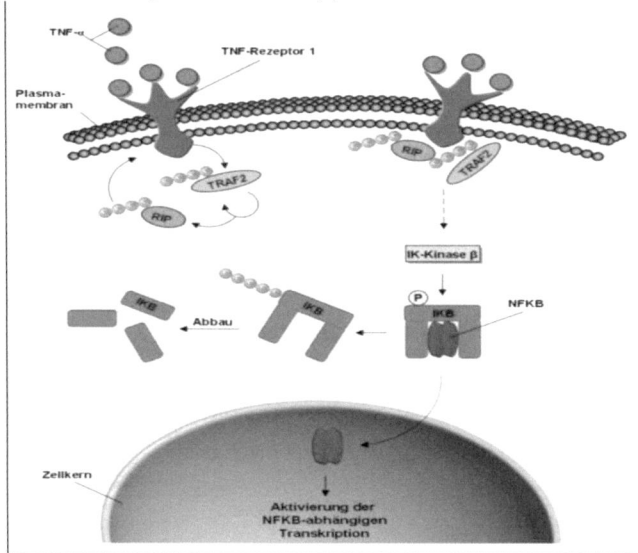

NF-KB-Signalweg (http://upload.wikimedia.org/wikipedia/commons/thumb/4/4a/NFKB-pathway.png/260px-NFKB-pathway.png)

3.2.2 Downregulation des EGF-Rezeptors/Endocytose

Der epidermale Wachstumsfaktor EGF (epidermal growth factor) und sein Rezeptor werden in den Lysosomen abgebaut.

Durch EGF-Bindung dimerisiert der Rezeptor und autophosphoryliert an verschiedenen Tyrosinresten. Dies führt zur Rekrutierung von c-CBL, einer E3-Ligase, zur Plasmamembran, welche die Monoubiquitinierung des Rezeptors in der endosomalen Membran veranlasst.

Der EGF-Rezeptor wird endocytiert, gelangt so in die Endosomen und nach deren Verschmelzung mit Lysosomen wird der Rezeptor-Ligand-Komplex durch lysosomale Proteasen abgebaut.

Generell erscheint die Ubiquitinierung für den Schritt der Endocytose wichtig, bei der die

Membranproteine in die endocytotischen Vesikel gelangen. Für gewöhnlich scheint eine Monoubiquitinierung als Endocytosesignal zu genügen, allerdings wurde auch schon eine Diubiquitinierung (über Lysin 63) beschrieben, die für die Endocytose bestimmter Membranproteine verantwortlich ist. Trotz aller Hinweise ist die funktionelle Rolle des Ubiquitins bei der Endocytose und der Herunterregulierung von Rezeptoren jedoch weiterhin umstritten (5).

3.2.3 Transkriptionsregulation

Durch die RNA-Polymerase II vermittelte Transkription wird in eukaryotischen Zellen teilweise durch das Ubiquitin-System reguliert.

Dies beinhaltet Ubiquitin-abhängige Degradation von Polymerase II-Transkriptionsfaktoren und Monoubiquitinierung.

Diverse dieser Transkriptionsfaktoren werden durch das UPS aktiviert und ihre inaktiven Precursoren proteolytisch in aktive Formen umgewandelt.

Das Ubiquitin-konjugierende Enzym Rad6 ist das erste Enzym des Ubiquitin-Weges mit spezifischer nicht-proteolytischer Funktion, welches jemals entdeckt wurde. In Versuchen mit Hefen konnte gezeigt werden, dass das Enzym essentiell für die Methylierung des Histons H3 ist was zum Gen-Silencing führt (Gene werden nicht abgelesen).

Das Enzym katalysiert die Ubiquitinierung vom Lysin 123 des Histons 2B, was wiederum zur Methylierung von H3 führt. Dies stimmt mit früheren Beobachtungen überein, dass Rad6 für telomerisches Gen-Silencing gebraucht wird.

Die Ubiquitinierung von H2B führt zur Aussendung eines Signals, welches einen Komplex namens COMPASS (complex of proteins associated with Set1) aktiviert, der sich für die Methylierung von H3 verantwortlich zeigt (→ Gen-Silencing).

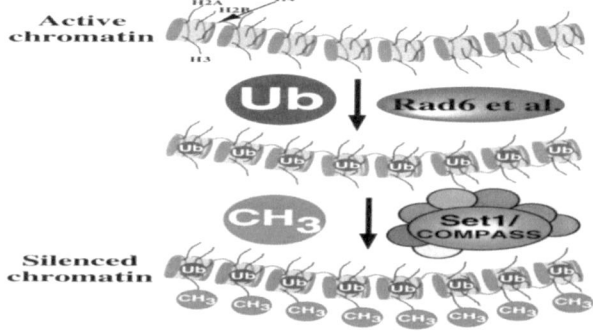

Rolle von Rad6 bei der Regulation des Gen-Silencing (http://www.jbc.org/content/277/32/28368.long)

In weiteren Studien an *Saccharomyces pombe* konnte gezeigt werden, dass die Ubiquitinierung des H2B relevant für die Elongation der Transkription durch die RNA-Polymerase II ist und es weitere Funktionen besitzt.

Das Ausschalten der H2B-Ubiquitinierung führte dabei zur Herabsetzung der Expressionslevel einiger Gene, während bei anderen das Gegenteil der Fall war. Interessanterweise waren die Auswirkungen der fehlenden H2B-Ubiquitinierung dabei gravierender, als bei einer fehlenden H3-Methylierung (DNA-Methylierungen führen bekannterweise bei einigen Genen zum Gen-Silencing).

Auch durch das Chromatin-Remodeling ist die Ubiquitinierung an der Transkriptionsregulation beteiligt (3,4).

3.2.4 DNA-Reparatur

Durch ultraviolettes Licht oder mutagene Chemikalien verursachte Strangbrüche können durch das Enzym Rad6 repariert werden.

Aktiviert wird der Rad-Reparaturweg, wenn die Enzyme der Replikationsgabel zum Stillstand kommen, da sie geschädigte DNA nicht replizieren können.

Für die Reparatur benutzt das Enzym einen funktionierenden Strang als Matrize um die Lücken zu schließen. Dabei findet ein DNA-Austausch zwischen dem beschädigten und dem fehlerfreien Strang statt, wodurch der Schaden mittels Übertragung der korrekten Informationen kompensiert werden kann.

Die genauen Mechanismen sind zwar noch unklar, allerdings konnten mehrere Studien aufzeigen, dass der Enzymweg zur Reparatur der beschädigten Stränge führt (Hoeijmakers, 2001; Prakash et al., 1993; Ulrich, 2002).

Bekannt ist, dass, durch DNA-Schädigung ausgelöst, Rad6 PCNA (Proliferating Cell Nuclear Antigen) monoubiquitiniert, was zur Einleitung des Reparaturweges führt. Unterstützt wird es dabei von Rad18, einem Enzym mit Ubiquitinligase-Aktivität. Diese Interaktion führt also die Konjugase- und Ligaseaktivität der beiden Enzyme zusammen.

Über weiteres Zusammenwirken wird anschließend der UBC13/MMS-Komplex mit Rad6 in Verbindung gebracht. Dieser Komplex besitzt ebenfalls Konjugase-Aktivität und polyubiquitiniert das bereits monoubiquitinierte PCNA.

Interessant ist, dass bei stärkeren DNA-Schäden das monoubiquitinierte PCNA überwiegt und die darauf aufbauende UBC13-abhängige Polyubiquitinierung oft unterbleibt. Bei stärkerer DNA-Schädigung scheint also vermehrt monoubiquitiniertes PCNA benötigt zu werden.

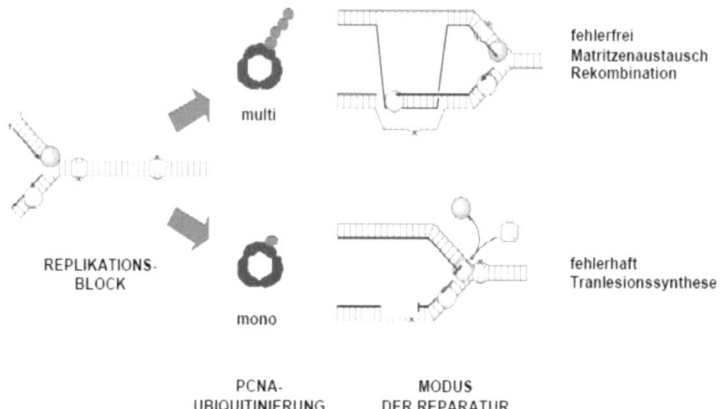

Modell Rad6-abhängiger DNA-Reparatur (http://edoc.ub.uni-muenchen.de/606/1/Hoege_Carsten.pdf)

Die Polyubiquitinierung von PCNA durch UBC13 führt zu Interaktionen mit einer Rekombinationspolymerase, die durch oben angeführten Mechanismus die Rekombination und Reparatur einleitet. Hingegen führt die Monoubiquitinierung zur Aktivierung eines fehlerhaften Reparaturzweiges, welcher zur Rekrutierung einer Translesionspolymerase führt (6,11).

3.2.5 Ubiquitin und Apoptose

In einer weiteren Studien mit Taufliegen konnte gezeigt werden, dass der Apoptosen-Inhibitor DIAP1 (besitzt Ubiquitinligase-Aktivität) Effektorkaspasen durch Polyubiquitinierung blockiert. Durch Ubiquitinierung der Kaspasen wird deren Fähigkeit Kaspasensubstrate zu spalten herabgesetzt.

Dabei fungiert DIAP1 sowohl als kompetitiver, als auch als nicht-kompetitiver Inhibitor der Kaspasen.

DIAP1 ist normalerweise inaktiv und wird erst durch Kaspasen-induzierte Spaltung aktiviert. Durch dieses negative Feedback regulieren die Effektorkaspasen somit ihre eigene Inhibierung und sorgen dafür, dass ihre Konzentration und Aktivität in nichtapoptotischen Zellen auf einem niedrigen Niveau bleibt (7).

4. Ubiquitin und Krankheiten

Mit dem UPS werden verschiedene Krankheiten assoziiert. Bei einigen Krankheiten ist das UPS an der direkten Auslösung beteiligt, bei anderen verschlimmert es hingegen den Krankheitsverlauf.

4.1 Rolle des Ubiquitins bei Cystischer Fibrose

Die Cystische Fibrose (auch Mukoviszidose genannt) ist ein Beispiel dafür, wie das UPS zu einer Krankheit führen kann.

Bei der Cystischen Fibrose liegt in den meisten Fällen eine Mutation am Codon 508 (fehlendes Phenylalanin) des Cystic Fibrosis Transmembrane Conductance Regulator (CFTR) zu Grunde. Der in physiologischer Form als cyclo-AMP kontrollierter Chloridionenkanal fungierender Regulator erreicht in diesem Falle die Plasmamembran nicht mehr, was zur Ansammlung eines pathologisch zusammengesetzten Sekretes führt, welches u.a. die Obstruktion verschiedener Organe zur Folge haben kann.

Der CFTR wird vom Ubiquitin-Proteasom-System abgebaut, wenn die Mutation bei der Proteinfaltung im endoplasmatischen Retikulum entdeckt wird. CFTR-Proteine mit Missbildungen auf ihrer cytoplasmatischen Seite werden vom HSP70 (Hitzeschockprotein) erkannt und durch diese mit dem Enzym CHIP (carboxyl terminus of the Hsc70-interacting protein) in Kontakt gebracht, einer E3-Ligase. Unterstützt wird es dabei von der Ubiquitin-Konjugase UbcH5a.

Anschließend wird das fehlerhafte CFTR-Protein im 26S-Proteasom vollständig abgebaut. Sofern der fehlerhafte CFTR die Plasmamembran noch erreicht ist er prinzipiell vollständig einsatzfähig oder verfügt zumindest noch über eine Restaktivität.

Anscheinend wird das UPS hier durch bestimmte Sequenzmuster fehlgeleitet, was den Transport zu den Proteasomen bewirkt. Somit ist das UPS hier an der direkten Entstehung der Krankheit beteiligt (8).

4.2 Ubiquitin und Karzinogenese

Der Humane Pappilomavirus (ein DNA Tumorvirus) ist der Auslöser von 99,7% aller Tumore im Gebärmutterhalsbereich und das von ihm exprimierte Protein E6 ist eins der beiden viralen Onkogene, die in allen HPV-positiven Tumoren gebildet werden.

E6 bindet direkt an die zelluläre Ubiquitinligase E6AP (E6-associated protein), die zur Polyubiquitinierung und Degradation des Tumorsuppressorproteins und

Transkriptionsfaktors p53 und weiterer zellulärer Proteine führt. E6 stimuliert somit die Zerstörung des wohl wichtigsten Tumorsuppressorproteins in menschlichen Krebszellen. Das zweite exprimierte Onkogen wird E7 genannt und führt zur Proteasom-abhängigen Zerstörung des Retinoblastom- (pRb) und des p130-Tumorsuppressors. Die genauen Mechanismen sind zwar noch nicht geklärt, E6AP scheint hierbei jedoch nicht beteiligt zu sein.

Die natürlichen Substrate der E6AP sind weitestgehend unbekannt, was ein großes Problem bei Forschungsansätzen darstellt, da eine Inhibition der E6AP zum sogenannten „Angelman-Syndrom" führen kann.

Ubiquitin wird auch mit weiteren Krebsarten in Verbindung gebracht. So korrelieren Mutationen in der Keimbahn des für die Ubiquitinligase BRCA1 codierenden Gens mit Brust- und Ovarienkrebs während Studien über die Erbkrankheit Fanconi-Anämie einen Signalweg aufzeigten, der Monubiquitinierungen infolge von DNA-Schäden nach sich zog. Zwei der in diesem Signalweg ubiquitinierten Proteine erhöhen im Allgemeinen die Anfälligkeit für Tumorerkrankungen (9,10).

4.3 Ubiquitin und weitere Erkrankungen
Bei der Humanen Immundefizienz Virus-Infektion (HIV) codiert der Virus für 2 Proteine (VPU und VIF), die mit Ubiquitinligasen interagieren und somit die Degradation von zellulären Proteinen bewirken. Das VIF-Protein bindet an die zelluläre Cysteindesaminase ABC3G und bewirkt ihren proteasomabhängigen Abbau. In Abwesenheit von VIF verbindet sich ABC3G mit Virenpartikeln und inhibiert deren Replikation oder bewirkt ihren Abbau im 26S-Proteasom.

Die Aktivitäten des VPU-Proteins vermitteln nach der Zellinvasion eine Downregulation des CD4-Rezeptors auf T-Lymphozyten. Da der CD4 ein Co-Rezeptor für die virale Invasion darstellt, könnte diese Downregulation eine weitere Invasion blockieren und die virale Replikation optimieren.

Ubiquitin spielt Des Weiteren eine Rolle bei der Entstehung von Herpes, der Huntington-Krankheit, Alzheimer und Muskelatrophie (10,11).

5. Schlussfolgerungen und Ausblick

Die Ubiquitinierung stellt eine posttranslationale Modifizierung dar und ist aufgrund ihres extrem breiten Substratspektrums hochspezifisch.

Auch aufgrund der Tatsache, dass das UPS bei der Genese verschiedenster Erkrankungen eine bedeutende Rolle trägt, ist es in den Blickpunkt wissenschaftlichen Interesses gerutscht und Objekt vieler Forschungsarbeiten.

Immer weitere Moleküle die in das Ubiquitin-Proteasom-Systems eingreifen, können identifiziert und analysiert werden, wie z.b. de-ubiquitinierende Enzyme, Ubiquitin-ähnliche Moleküle oder Moleküle mit Ubiquitin-bindenden Domänen.

Darüber hinaus ist es beispielsweise auch gelungen die E3-Familie in 2 große Gruppen zu unterteilen, die sich in der Art und Weise Ubiquitinübertragung unterscheiden, wofür man ihre unterschiedliche Struktur verantwortlich gemacht hat.

Auch macht man weitere Fortschritte in der Identifikation und Zuordnung der unterschiedlichen Ubiquitinierungsformen. So scheint die Monoubiquitinierung hauptsächlich für Rezeptorendocytose und Histonregulierung verantwortlich zu sein, während es bei der Polyubiquitinierung eine große Rolle spielt über welches funktionelle Lysin die Verlängerung abläuft. So werden Verlängerungen über das Lysin48 mit dem Abbau im 26S-Proteasom in Zusammenhang gebracht, Ubiquitinketten über Lysin63 hingegen sollen Signalwege regulieren können. Auch weitere, bisher noch nicht identifizierte Verlinkungen könnten existieren und noch unbekannte Funktionen haben.

Die Frage ist, inwiefern man in der Lage sein wird auf spezifische Art und Weise in das System eindringen zu können um z.B. Ubiquitinligasen zu inhibieren oder bestimmte Proteine (z.B. Onkogene) als Zielprotein für den Abbau zu markieren.

Wenn dies gelingen sollte hätte die Medizin neue, vielversprechende Ansätze um bisher unheilbare Krankheiten wie Huntington oder Alzheimer in den Griff zu bekommen und auch für die Krebstherapie würde sich eine neue Alternative anbieten.

Quellen:

1) Berg JM, Stryer L, Tymoczko JL (2007), Biochemie, 6. Auflage

2) Mukhopadhyay D, Riezman H (2007)

   Proteasome-Independent Functions of Ubiquitin in Endocytosis and Signaling.

3) Dover J et al. (2002)

   Methylation of Histone H3 by COMPASS Requires Ubiquitination of Histone H2B by Rad6.

4) Tanny JC et al. (2007)

   Ubiquitylation of histone H2B controls RNA polymerase II transcription elongation independently of histone H3 methylation.

5) http://darwin.bth.rwth-aachen.de/opus3/volltexte/2009/2638/pdf/Moises_Tina.pdf

6) http://edoc.ub.uni-muenchen.de/606/1/Hoege_Carsten.pdf

7) Ditzel M et al. (2008)

   Inactivation of Effector Caspases through Nondegradative Polyubiquitylation.

8) Turnbull EL, Rosser MF, Cyr DM (2007)

   The role of the UPS in cystic fibrosis.

9) Beaudenon S, Huibregtse JM (2008)

   HPV E6, E6AP and cervical cancer.

10) Petroski MD (2008)

   The ubiquitin system, disease, and drug discovery.

11) Herrlich et al. (1999)

   Radiation-induced signal transduction. Mechanisms and consequences

12) Löffler, Petridis (2003), Biochemie und Pathobiochemie, 7. Auflage